Asit Mohanty
Meera Viswavandya
Pragyan Paramita Mohanty

Controlador FOPID optimizado para gestão de energia reactiva e estabilidade

Asit Mohanty
Meera Viswavandya
Pragyan Paramita Mohanty

Controlador FOPID optimizado para gestão de energia reactiva e estabilidade

ScienciaScripts

Imprint
Any brand names and product names mentioned in this book are subject to trademark, brand or patent protection and are trademarks or registered trademarks of their respective holders. The use of brand names, product names, common names, trade names, product descriptions etc. even without a particular marking in this work is in no way to be construed to mean that such names may be regarded as unrestricted in respect of trademark and brand protection legislation and could thus be used by anyone.

Cover image: www.ingimage.com

This book is a translation from the original published under ISBN 978-620-2-00493-0.

Publisher:
Sciencia Scripts
is a trademark of
Dodo Books Indian Ocean Ltd. and OmniScriptum S.R.L publishing group

120 High Road, East Finchley, London, N2 9ED, United Kingdom
Str. Armeneasca 28/1, office 1, Chisinau MD-2012, Republic of Moldova, Europe
Printed at: see last page
ISBN: 978-620-7-76713-7

Índice:

Controlador FOPID optimizado para gestão da potência reactiva e estabilidade

Afiliação dos autores

Asit Mohanty
Departamento de Engenharia Eléctrica
CET Bhubaneswar-751021
Meera Viswavandya
Departamento de Engenharia Eléctrica
CET Bhubaneswar-751021
Pragyan Paramita Mohanty
Departamento de Engenharia Mecânica
VSSUT BURLA-768018

Resumo

Foi discutida a aplicação de um controlador PID de ordem fraccionada (FOPIDC) para compensação de potência reactiva e análise de estabilidade numa micro-rede isolada. Para melhorar a estabilidade da tensão e a compensação da potência reactiva do sistema isolado, foi incorporado um controlador baseado no SVC. Este livro enfatiza o papel do controlador SVC baseado em PID fracionário, que oferece a vantagem especial de ter mais dois graus de liberdade para uma afinação precisa em comparação com o controlador convencional. O desempenho do sistema, em particular as variações nos valores de diferentes parâmetros, é estudado adequadamente com diferentes parâmetros de entrada e condições de carga. O problema de otimização para a afinação dos parâmetros do modelo de sistema de energia híbrido isolado estudado foi conseguido através do algoritmo competitivo Imperialista.

Termos de índice: Regulação da potência reactiva, micro-rede autónoma, controlador PID de ordem fraccionada; algoritmo competitivo imperialista

Capítulo 1

I. Introdução

Durante as últimas décadas, os investigadores mudaram a produção de energia convencional para a produção de energia distribuída e a fiabilidade tem aumentado a um ritmo acelerado nas últimas décadas. A lógica é muito simples, uma vez que as unidades de produção distribuída (GD) fornecem energia mais limpa e mais inteligente perto do cliente. Embora a produção de energia com base na produção distribuída represente atualmente uma pequena parte da produção total de energia, a fiabilidade aumentará definitivamente no futuro. Além disso, a produção de energia no local de consumo reduz o custo, a complexidade e a interdependência e aumenta a fiabilidade a um nível elevado. A micro-rede funciona de forma independente e isolada sempre que há uma falha na rede eléctrica interconectada ou de acordo com os requisitos do sistema[1]. As micro-rede alimentadas por fontes de energia não convencionais são amplamente estudadas devido ao seu impacto ambiental e à sua natureza não poluente. É essencial que um sistema autónomo disponha de recursos próprios para a manutenção da qualidade da energia, principalmente dos valores de tensão e frequência. As variações de tensão do sistema dependem da potência reactiva do sistema, enquanto a frequência depende da potência ativa do sistema. O controlo da tensão é conseguido através do controlo do campo de excitação do gerador síncrono (SG) ou através da utilização de conversores de eletrónica de potência baseados em FACTS [2]-[4]. O controlo da potência de saída das unidades geradoras e a consequente obtenção de um estado de equilíbrio de potência é um dos objectivos de controlo mais importantes nos sistemas de energia. O controlo da potência de saída das unidades geradoras e a obtenção simultânea do equilíbrio das potências ativa e reactiva são efectuados de modo a que os desvios transitórios dos parâmetros do sistema se mantenham dentro dos limites especificados e o sistema atinja a estabilidade[5]-[6].

Os sistemas híbridos baseados no vento são amplamente utilizados em locais remotos, devido à sua fiabilidade. A maioria das turbinas eólicas está equipada com geradores de indução, principalmente geradores de indução em gaiola de esquilo para velocidade fixa e geradores de indução de dupla alimentação para velocidade variável, devido às suas características robustas. Mas as perturbações no vento de entrada e na carga provocam desfasamentos na produção e no consumo de potência ativa e de potência reactiva no sistema, que influenciam direta ou indiretamente a tensão e a frequência do sistema. A tensão do sistema é perturbada pela variação da potência reactiva e, por conseguinte, torna-se necessário compensar e gerir a potência reactiva no sistema híbrido. A potência ativa e reactiva do DFIG é geralmente regulada pela corrente do rotor e é controlada através da tensão de saída do conversor do lado do rotor. O DFIG em turbinas eólicas é amplamente aceite devido à sua capacidade de fornecer energia a uma tensão e frequência constantes com a variação da velocidade do rotor. O sistema de conversão de energia eólica (WECS) baseado no DFIG emprega conversores back to back no circuito do rotor, em que o lado do rotor assegura o controlo do desacoplamento das potências ativa e reactiva do lado do estator[7]-[9]. Devido à natureza incerta do vento e à grande variação da carga, os dispositivos FACTS, como SVC, STATCOM, UPFC e SSSC, são normalmente utilizados para controlar e compensar a potência reactiva[10].

No passado, foram propostas na literatura várias estratégias de controlo para a compensação da potência reactiva e a análise da estabilidade utilizando controladores PI e PID convencionais com várias técnicas de otimização[11]-[14]. Os controladores PID proporcionam sempre mais amortecimento ao sistema de potência do que o controlador PI. Este controlador PID tem sido amplamente proposto na literatura para o controlo da potência reactiva e a análise da estabilidade em sistemas de energia. Além disso, em muitas literaturas, a conceção do controlador PID foi feita utilizando o algoritmo de otimização de enxame de partículas, o algoritmo de colónia de abelhas artificiais (ABC), etc. Várias novas técnicas heurísticas de pesquisa estocástica são também apresentadas na literatura para otimizar os ganhos PID. Alguns investigadores também apresentaram artigos que mostram um novo controlador PID MISO descentralizado, robusto e ótimo, baseado na matriz de valores próprios e no método de Lyapunov. Devido à natureza heurística dos controladores PI e PID na seleção dos ganhos, os parâmetros do sistema e a estabilidade são por vezes altamente afectados. Nos últimos tempos, o desempenho dos controladores PID convencionais foi consideravelmente melhorado pelos controladores FOPID[15]-[17], em que a ordem da derivada e do integral não é inteira. Os controladores FOPID têm sido aplicados em diferentes domínios da engenharia. Estes controladores são utilizados na conceção de sistemas de controlo aeroespaciais, em veículos de voo hipersónicos, na estabilização de sistemas de atraso temporal de ordem fraccionada, em sistemas de armas e em sistemas de regulação automática da tensão. As principais vantagens do controlador FOPID são o facto de ter dois botões de afinação extra (parâmetros) conhecidos como

k

(ordem não inteira do integrador) e 1 (ordem não inteira do diferenciador), o que proporciona uma maior flexibilidade para o ajustamento da dinâmica do sistema. O controlador FOPID é constituído por diferentes parâmetros, como o ganho proporcional K_P, o controlador de ordem fraccionada, bem como por muitas aplicações necessárias nos domínios da engenharia e em áreas científicas alternativas. O algoritmo competitivo imperialista (ICA) é um novo algoritmo de pesquisa global de inspiração sócio-política para lidar com diferentes problemas de otimização e mostra um excelente desempenho tanto na taxa de convergência como na obtenção de óptimos globais. O desempenho do controlador é optimizado através da implementação do algoritmo competitivo imperialista.

Capítulo 2

II.Configuração do Sistema e sua Modelação Matemática:

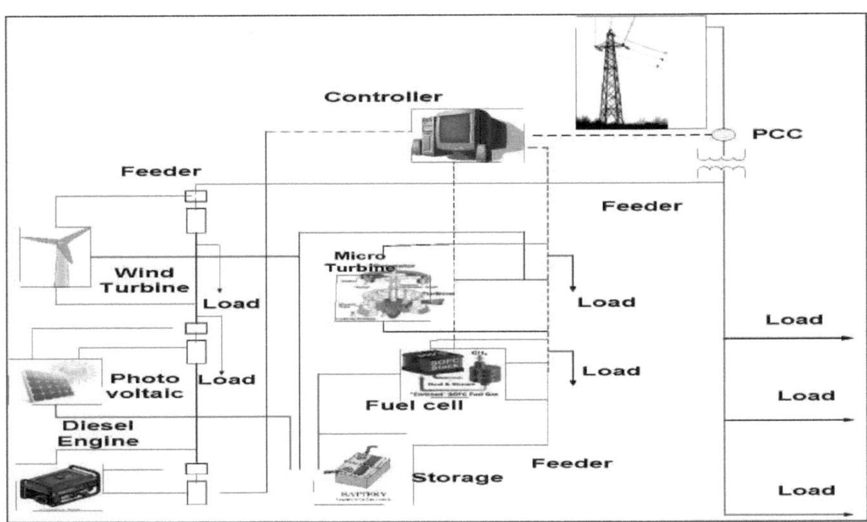

Fig1- Estrutura geral de uma micro rede

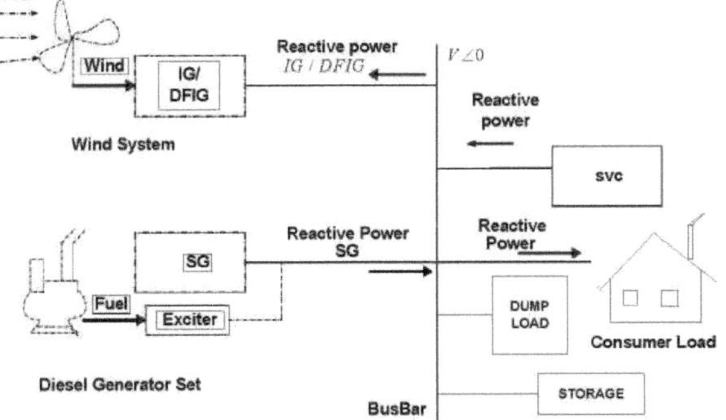

Fig.2 - Diagrama de blocos do sistema híbrido eólico diesel

sistema híbrido proposto, apresentado na Fig. 1, consiste numa turbina eólica baseada em DFIG que funciona com um gerador diesel baseado num gerador síncrono com sistema de excitação IEEE tipo I. O sistema sofre um desequilíbrio de reactiva que afecta o perfil de tensão do sistema. Quando o sistema sofre uma alteração da carga ΔQ_L, os outros parâmetros também sofrem alterações na potência reactiva. Os parâmetros do sistema variam com a variação da carga. A potência reactiva da carga Q_L pode ser expressa como $Q_L = c_i v^q$ onde c_i é a constante e q é o expoente que depende do tipo de carga reactiva. Para pequena alteração da caraterística da tensão de carga $D_V = \dfrac{\Delta Q_L}{\Delta V} = q\dfrac{Q_L^0}{V^0}$

A equação de equilíbrio da potência reactiva pode ser formada a partir do diagrama acima

$$Q_{SG} + Q_{COM} = Q_L + Q_{IG} \tag{1}$$

$$\Delta Q_{SG} + \Delta Q_{COM} = \Delta Q_L + \Delta Q_{IG/DFIG} \tag{2}$$

$$\Delta Q_{SG} + \Delta Q_{COM} - (\Delta Q_L + \Delta Q_{IG/DFIG}) = $$
potência reactiva equilibrada do sistema

A tensão do sistema é altamente afetada pelo excedente de potência reactiva do sistema, uma vez que aumenta a absorção de energia electromagnética do gerador de indução e aumenta o consumo de carga reactiva.

A equação é $\Delta Q_{SG} + \Delta Q_{COM} - (\Delta Q_L + \Delta Q_{IG}) = \dfrac{d}{dt}(\Delta E_m) + D_V \Delta V$ $\qquad(3)$

$$\Delta V(S) = \frac{K_V}{1 + ST_V}\left[\Delta Q_{SG}(S) + \Delta Q_{COM}(S) - \Delta Q_L(S) - \Delta Q_{IG}(S)\right] \tag{4}$$

Onde $T_V = \dfrac{2H_r}{D_V}V^0$ and $K_V = \dfrac{1}{D_V}$

Na micro-rede autónoma com várias fontes renováveis, o gerador síncrono é preferido ao grupo gerador a gasóleo. O gerador a gasóleo funciona sempre como reserva e é utilizado principalmente como alternativa à energia da rede. O gerador síncrono fornece a potência reactiva necessária ao sistema. É essencial controlar cuidadosamente o gerador síncrono quando este funciona em paralelo com a turbina eólica para evitar que a velocidade do rotor acelere para além da velocidade síncrona.

A equação do gerador síncrono é dada por

$$Q_{SG} = \frac{(E_q' V\cos\delta - V^2)}{X'd}\,(\text{Transient}) \tag{5}$$

Para pequenas alterações, a mesma equação é escrita como

$$\Delta Q_{SG} = \frac{V\cos\delta}{X'_d \Delta E'q} + \frac{E'q\cos\delta - 2V}{X'_d \Delta V} \tag{6}$$

Tomando a equação de Laplace, obtemos a relação

$$\Delta Q_{SG}(S) = K_a \Delta E'q(S) + K_b \Delta V(S) \tag{7}$$

Em que K_a e K_b são

$$K_a = \frac{V\cos\delta}{X'd} \quad \text{and} \quad K_b = \frac{E'q\cos\delta - 2V}{X'd}$$

O DFIG é um gerador assíncrono de rotor bobinado em que o fluxo de energia entre o rotor e a rede é canalizado por conversores AC/DC/AC. O funcionamento do DFIG é fundamentalmente idêntico ao de um transformador...

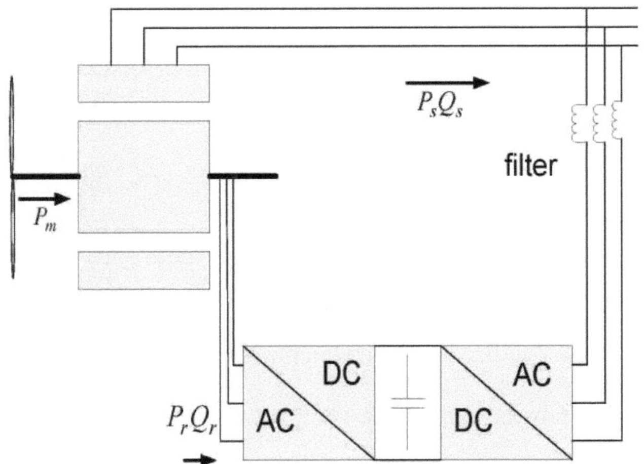

Fig. 4 - Configuração simplificada da WECS baseada em DFIG

O conversor do lado da alimentação do DFIG torna a tensão do elo CC constante sem considerar a direção do fluxo de potência do rotor. A máquina de indução é controlada no quadro síncrono de rotação do eixo dq com base na posição do vetor de fluxo do estator . O controlo da potência ativa e reactiva do DFIG é conseguido através do controlo de Iqr e Idr pelo conversor do lado do rotor. O gerador síncrono operado pela unidade de motor diesel regula a potência ativa e reactiva em caso de elevada procura de carga. Controladores PI separados controlam a potência reactiva de saída e o circuito externo compara a tensão do gerador DFIG com a tensão de referência.

$$Q_{DFIG} = \frac{L_m}{L_{ss}} V_l I_{dr} - \frac{V_l^2}{w_s L_{ss}}$$ (8)

A forma linearizada da potência reactiva do DFIG proposto, apresentada na Fig. 6, pode ser calculada como

$$\Delta Q_{DFIG}(s) = K_f \Delta I_{dr}(s) + K_e \Delta V(s)$$ (9)

onde $K_f = \frac{L_m V_l}{L_{ss}}$ and $K_e = \frac{L_m I_{dr}}{L_{ss}} - \frac{2V_l}{w_s L_{ss}}$

Corrente de referência do eixo d do rotor, o sinal de saída do controlador PI do circuito de tensão é

$$\Delta I_{dr}^{ref} = (K_p + \frac{K_I}{s}) \left[\Delta V^{ref}(s) - \Delta V(s) \right]$$ (10)

Um sistema de segunda ordem sobre-amortecido pode ser projetado de acordo com um sistema de primeira ordem com o mesmo tempo de estabilização. A malha interna dinâmica pode ser modelada por

$$\Delta I_{dr} = \frac{1}{(1 + \frac{t_s}{4} s) \Delta I_{dr}^{ref}}$$ (11)

O principal objetivo da SVC é fornecer a potência reactiva necessária à carga e ao sistema, melhorando assim a estabilidade do sistema. É constituída por ramos indutivos e capacitivos, sendo o ramo capacitivo do tipo condensador fixo ou condensador comutado por tiristor (TSC) e o ramo reativo em paralelo com o condensador do tipo reator controlado por tiristor (TCR).

A susceptância indutiva B_L do indutor é uma função do ângulo de disparo do tiristor a

e é dada por $B_L = \dfrac{2\Pi - 2\alpha + \sin 2\alpha}{X_L}$ onde $\dfrac{\Pi}{2} \le \alpha \le \Pi$, X_L é a reactância do condensador fixo

A potência reactiva fornecida pelo SVC é dada por $Q_{SVC} = B_{SVC} V^2$ e $\Delta Q_{SVC} = K_j \Delta V + K_k \Delta B_{SVC}$

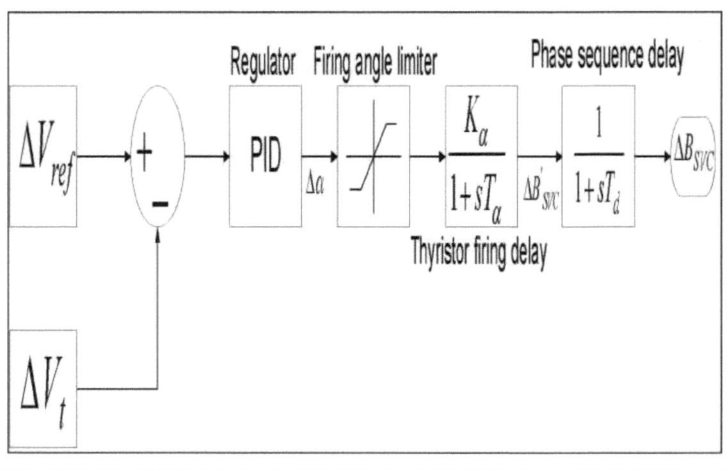

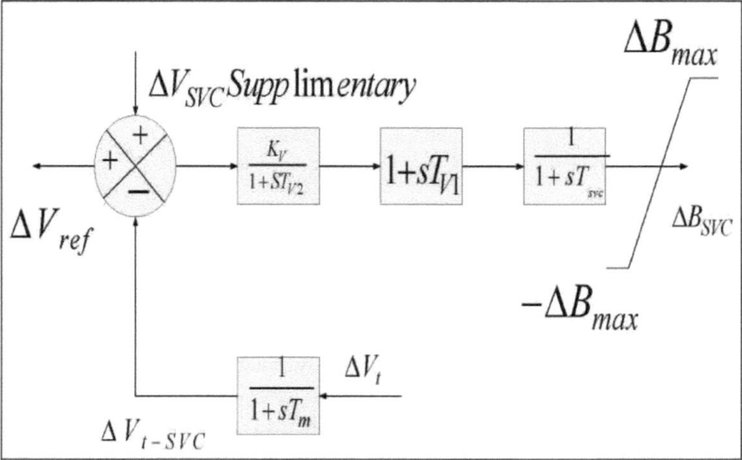

Fig 5,6-Modelo da função de transferência de pequeno sinal do SVC

O modelo completo da função de transferência do sistema híbrido funciona com uma turbina eólica baseada em DFIG, com um gerador síncrono como gerador diesel. Os parâmetros do sistema híbrido são mencionados na Tabela 2 do Apêndice

O modelo de espaço de estados da WECS é $X=Ax+Bu+Cw$

Onde x,u,w são os vectores de estado, de controlo e de perturbação do sistema híbrido eólico diesel e A,B,C são as matrizes de dimensões adequadas.

$$\underline{x}=[\Delta I_{dr}^{ref}, \Delta I_{dr}, \Delta V, \Delta E_{fd}, \Delta V_a, \Delta V_f, \Delta E_q']^T \tag{12}$$

$$\underline{u}=[\Delta V_{ref}]$$

$$\underline{w}=[\Delta Q_L]$$

Capítulo 3

III.Formulação do problema matemático
III A. Índices de medição do desempenho

O principal motivo por detrás da minimização do índice de desempenho é aumentar a margem de estabilidade do sistema híbrido através da obtenção de um melhor amortecimento e, assim, obter um incremento mínimo na resposta da tensão terminal.

Isto indica a minimização da ultrapassagem (Mp), do tempo de estabilização (ts), do tempo de subida (tr) e do erro de estado estacionário (Ess) da resposta da tensão terminal. Índices de desempenho como o erro absoluto integral (IAE), o erro quadrático integral (ISE) e o erro quadrático integral no tempo (ISTE) são considerados para calcular o índice de desempenho.

$$IAE = \int_0^\infty |V_t(t)| dt$$

$$ISE = \int_0^\infty V_t^2(t) dt$$

$$ISTE = \int_0^\infty t V_t^2(t) dt$$

III B..Otimização matemática

O problema de otimização para a afinação dos parâmetros do modelo de sistema híbrido de potência isolado estudado depende dos limites dos diferentes parâmetros afináveis que são dados na Tabela 1. Neste problema, os valores óptimos dos parâmetros sintonizáveis são obtidos minimizando o valor de J.

É sempre necessário selecionar um modelo de referência para obter a função de erro $e(t)$. Quanto mais pequena for a função de erro, mais próximo está o objeto controlado do modelo de referência. Neste caso, o controlador FOPID pode ser avaliado como

$$J(K_P, K_I, K_D, \lambda, \mu) = \int_0^\infty \left| y(t)^* - y(t) \right| dt$$

$y(t)$ é a resposta real de saída do sistema. Os valores optimizados do controlador FOPID podem ser calculados através da minimização do valor J. assim

$$(K_P', K_I', K_D', \lambda', \mu') = \arg\min(J(K_P, K_I, K_D, \lambda, \mu)$$

.

Capítulo 4

IV. Implementação do (FOPIDC) para compensação de potência reactiva

IV A. FOPIDC (Controlador PID de ordem fraccionada)

. Neste trabalho, o FOPID foi utilizado para o controlo da potência reactiva e a melhoria da estabilidade da tensão do sistema híbrido isolado. O desempenho do controlador FOPID foi comparado com o do controlador PID convencional e as suas implicações nos parâmetros do circuito foram determinadas. Neste artigo, foi demonstrado que o controlador FOPID apresenta um desempenho consideravelmente melhor do que o controlador PID convencional. O algoritmo competitivo imperialista (ICA) é um novo algoritmo evolutivo, que tem sido amplamente utilizado por investigadores para resolver diferentes problemas de otimização. Neste estudo, o ICA foi implementado para afinar os parâmetros dos controladores FOPID e PID convencional do sistema híbrido eólico diesel isolado.

O conceito de controlador FOPID foi proposto por Podlubny e a diferença básica entre o controlador FOPID e o controlador PID é que, no FOPID, a ordem da derivada e do integral não são inteiros. O controlador FOPID tem recebido uma atenção considerável nos últimos anos devido ao interesse crescente em melhorar a resposta do controlador PID convencional. O controlador FOPID consiste em diferentes parâmetros, como o ganho proporcional K_P ,o ganho integral K_I ,o ganho diferencial KD ,a ordem integral z e a ordem diferencial $\wedge$ .A função de transferência modificada $PI^{\lambda}D^{\mu}$ é dada por

$$G_c(s) = K_P + K_I s^{-\lambda} + K_D s^{\mu},\ \lambda,\mu\rangle 0$$

e a mesma equação no domínio do tempo é dada por
$$u(t) = K_{pe}(t) + K_I D^{-\lambda}e(t) + K_D D^{\mu}e(t)$$

A implementação do controlador FOPID para a compensação da potência reactiva melhora a resposta do sistema de energia em termos de tempo de estabilização, ultrapassagens e

subtração. Além disso, este controlador é robusto a alterações nos parâmetros do sistema elétrico.

IV B. Funcionamento do ICA (algoritmo competitivo imperialista)

O ICA é um novo algoritmo de pesquisa global de inspiração sócio-política para lidar com diferentes problemas de otimização e mostra um excelente desempenho tanto na taxa de convergência como na obtenção de óptimos globais. O algoritmo, tal como outros algoritmos evolutivos, começa com uma população inicial. Cada indivíduo da população é conhecido como um país e os melhores países são seleccionados para serem os estados imperialistas. Os restantes formam as colónias destes imperialistas. Estas colónias dos países iniciais foram distribuídas entre os referidos imperialistas em função do seu poder. O poder de um país, a contrapartida do valor de aptidão, é inversamente proporcional ao seu custo. Geralmente, os Estados imperialistas com as suas colónias formam impérios e, depois de formarem os impérios iniciais, as colónias de cada um deles começam a mover-se em direção ao respetivo país imperialista. O movimento é um modelo simples de estratégia de assimilação e foi seguido por alguns dos Estados imperialistas. O poder total do império baseia-se tanto no poder do país imperialista como no poder das suas colónias. Este modelo introduz o poder total de um império mais uma fração do poder médio das suas colónias. Ao efetuar todas as etapas, os países convergem para o mínimo global da função de custo. Existem diferentes critérios que podem ser utilizados para parar o algoritmo. Uma ideia é utilizar um número máximo de iterações do algoritmo, conhecido como décadas máximas. Outra ideia é o fim da competição imperialista, que é considerado como o critério de paragem do ICA. Caso contrário, o algoritmo é interrompido quando a melhor solução em diferentes décadas não é melhorada em décadas repetidas.

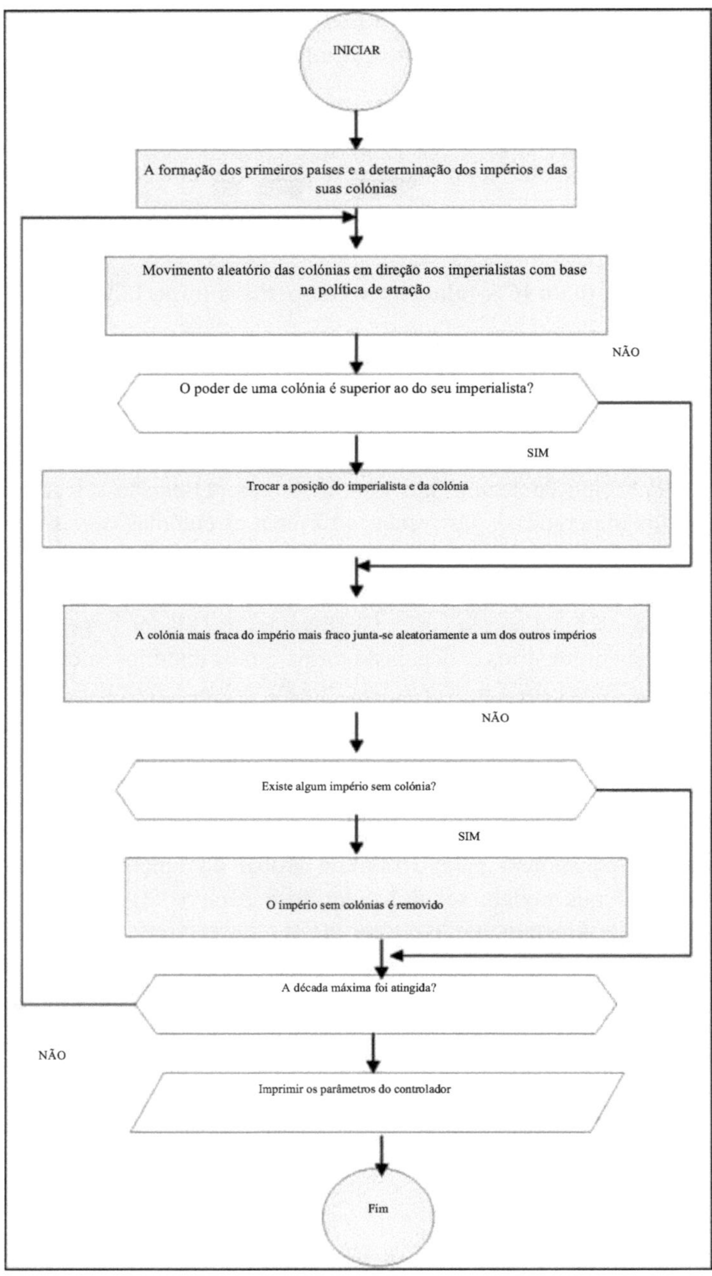

INICIAR
A formação dos primeiros países e a determinação dos impérios e das suas colónias
Movimento aleatório das colónias em direção aos imperialistas com base na política de atração
O poder de uma colónia é superior ao do seu imperialista?
NÃO
SIM
Trocar a posição do imperialista e da colónia
A colónia mais fraca do império mais fraco junta-se aleatoriamente a um dos outros impérios
NÃO
Existe algum império sem colónia?
SIM
O império sem colónias é removido
A década máxima foi atingida?
NÃO
Imprimir os parâmetros do controlador
Fim

Fig. 7 - Diagrama de fluxo da aplicação da ACI ao controlador
IV C. Implementação da ICA para a gestão da potência reactiva e a análise da estabilidade

As etapas básicas da ICA são as seguintes

I. Seleccione alguns pontos aleatórios no domínio e inicialize os impérios (Inicialização).

Nesta secção, foi discutido o procedimento de inicialização do império. Cada país contém a informação pormenorizada da disposição das quintas e do respetivo poder. Outros países foram gerados utilizando este procedimento. Os países são numerados de acordo com as suas potências e os melhores são seleccionados como imperialistas. Os restantes tornam-se colónias. Na fase seguinte, são atribuídas algumas colónias a cada imperialista utilizando o método de seleção da roleta para formar os impérios. O número de países e de imperialistas é assumido como sendo 100 e 20 para este problema específico.

II. . Movimento das colónias em direção aos respectivos imperialistas (Assimilação).

III. Mudança aleatória da posição de algumas colónias (Revolução).

IV. Se uma colónia de um império tiver mais poder do que o imperialista, troca as posições dessa colónia e do imperialista (concorrência intra-império).

V. Cálculo do custo total de todos os impérios.

VI. Recolha da(s) colónia(s) mais fraca(s) dos impérios mais fracos e transferência para um dos impérios (concorrência imperialista).

VII. Remoção dos impérios impotentes.

VIII. Se a condição de paragem for satisfeita, pára; caso contrário, repete a etapa.

A política de assimilação dos imperialistas é modelada como o movimento das colónias em direção ao respetivo imperialista. A colónia move-se em direção ao imperialista e atinge uma nova posição. A revolução, tal como a mutação, é modelada como uma alteração aleatória de uma ou mais coordenadas de um país. O primeiro parâmetro é a probabilidade de revolução e indica a probabilidade de ocorrência da revolução em cada iteração. Utiliza-se aqui uma probabilidade de revolução de 0,5 e o segundo parâmetro é a taxa de revolução e especifica o número de coordenadas de um país. Estas são afectadas pela revolução. A taxa de revolução foi definida como uma função condicional. O último parâmetro é o efeito da revolução. E especifica o domínio em que as coordenadas do país mudam no processo de revolução. As restrições do problema são verificadas nas etapas de assimilação e revolução. O algoritmo segue o passo seguinte como competição intra-império e se neste passo a colónia obtiver mais poder do que o respetivo imperialista, a colónia mais poderosa torna-se o novo imperialista e o antigo imperialista torna-se uma colónia. Na etapa seguinte, são calculados os poderes totais dos impérios. O poder total de um império é o poder do seu imperialista mais a fração do poder médio das suas colónias. O coeficiente de potência média das colónias é outro ICA que controla os parâmetros.

Após o cálculo dos custos totais dos impérios, começa a competição imperialista e a colónia mais fraca do império mais fraco é transferida para outro império através do método da roleta. No processo de otimização, o fraco torna-se gradualmente mais fraco e o poderoso torna-se mais poderoso. Após algumas décadas (iterações), haverá um império sem colónias e o imperialista será o único país remanescente. Esta variedade particular de império é conhecida como império impotente e, quando surge um império impotente, é subsequentemente eliminado e o único imperialista neste império foi para outro império como colónia. Os passos do ICA continuam até que o critério de paragem do algoritmo seja alcançado, enquanto a iteração pára após 100 iterações **IV D. Afinação óptima do controlador utilizando o FOPIDC com ICA**

O algoritmo ICA é utilizado para otimizar os parâmetros do controlador FOPID K_P, K_I, K_D λ e μ. O algoritmo afina o controlador SVC e o sistema AVR. Cada controlador FOPID tem cinco parâmetros a afinar. O problema de otimização pode ser definido como a minimização de J, tendo em conta as seguintes restrições

$$K_P^{\min} \langle K \langle K_P^{\max}$$

$$K_I^{\min} \langle K \langle K_I^{\max}$$

$$K_D^{\min} \langle K \langle K_D^{\max}$$

$$\lambda^{\min} \langle \lambda \langle \lambda^{\max}$$

$$\mu^{\min} \langle \mu \langle \mu^{\max}$$

Existem vários critérios de desempenho para a conceção de controladores, nomeadamente o erro absoluto integral (IAE), o erro quadrático integral (ISE) e o erro quadrático integral ponderado no tempo (ITSE), que são representados por

$$IAE = \int_0^\infty |e(t)|dt$$

$$ISE = \int_0^\infty e^2(t)dt$$

$$ITSE = \int_0^\infty te^2(t)dt$$

O controlador FOPID pode ser derivado utilizando o critério IAE

$$J(K_P, K_I, K_D, \lambda, \mu) = \int_0^\infty |y(t)^* - y(t)|dt$$

Os valores óptimos do controlador FOPID podem ser obtidos através da minimização do valor J da função de otimização.

V. Resultados da simulação e discussões

As simulações são efectuadas num modelo de sistema híbrido isolado de energia eólica-diesel e as observações do presente trabalho são apresentadas nesta secção

Case A.   (entrada de vento constante) Sistema híbrido turbina eólica-diesel baseado em DFIG sem controlador SVC

$$\underline{x} = [\Delta I_{dr}^{ref}, \Delta I_{dr}, \Delta V, \Delta E_{fd}, \Delta V_a, \Delta V_f, \Delta E_q']^T$$

$$\underline{u} = [\Delta V_{ref}]$$

$$\underline{w} = [\Delta Q_L]$$

Case B.   Sistema híbrido turbina eólica-diesel baseado em DFIG com SVC (entrada de vento constante)

$$\underline{x}=[\Delta I^{\mathrm{ref}}_{\mathrm{dr}},\Delta I_{\mathrm{dr}},\Delta V,\Delta E_{\mathrm{fd}},\Delta V_{\mathrm{a}},\Delta V_{\mathrm{f}},\Delta E'_{\mathrm{q}},\Delta B_{sI},\Delta B_{sII}]^{\mathrm{T}}$$

$$\underline{u}=\left[\Delta V_{\mathrm{ref}}\right]$$

$$\underline{w}=\left[\Delta Q_{\mathrm{L}}\right]$$

Caso C. Sistema híbrido turbina eólica -diesel - DFIG com SVC (entrada de vento variável)

$$\underline{x}=[\Delta I^{\mathrm{ref}}_{\mathrm{dr}},\Delta I_{\mathrm{dr}},\Delta V,\Delta E_{\mathrm{fd}},\Delta V_{\mathrm{a}},\Delta V_{\mathrm{f}},\Delta E'_{\mathrm{q}},\Delta B_{sI},\Delta B_{sII}]^{\mathrm{T}}$$

$$\underline{u}=\left[\Delta V_{\mathrm{ref}}\right]$$

$$\underline{w}=\left[\Delta Q_{\mathrm{L}},\Delta_{IW}\right]$$

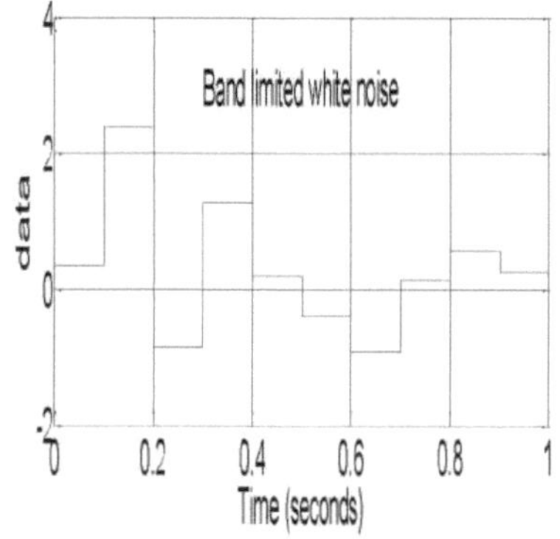

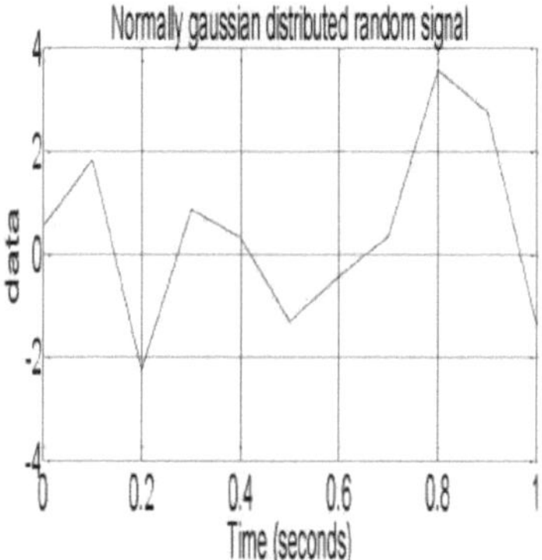

Fig 8-5% de perturbação em degrau com (a) ruído branco limitado por banda (b) Sinal aleatório com distribuição normal (gaussiana)

I-Análise da resposta no domínio do tempo

Num sistema típico de conversão de energia eólica isolado, o DFIG e o SG ajudam na compensação da potência reactiva. O SVC, após uma afinação adequada pelo controlador FOPID baseado no ICA, melhora a compensação da potência reactiva do sistema e melhora a margem de estabilidade da tensão. As respostas transitórias do sistema com e sem o compensador (Tabela 3 e Tabela 4) foram discutidas exaustivamente e os resultados optimizados são obtidos com o controlador PID de ordem fraccionada com otimização ICA. Além disso, o limite global da estabilidade da tensão foi melhorado com êxito com este novo controlador.

Durante a comparação, os resultados optimizados mostram melhores resultados em termos de tempo de estabilização e de picos de ultrapassagem do que outras técnicas de otimização

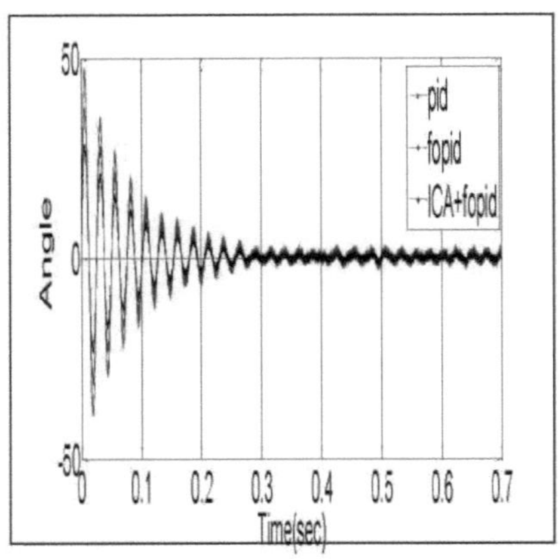

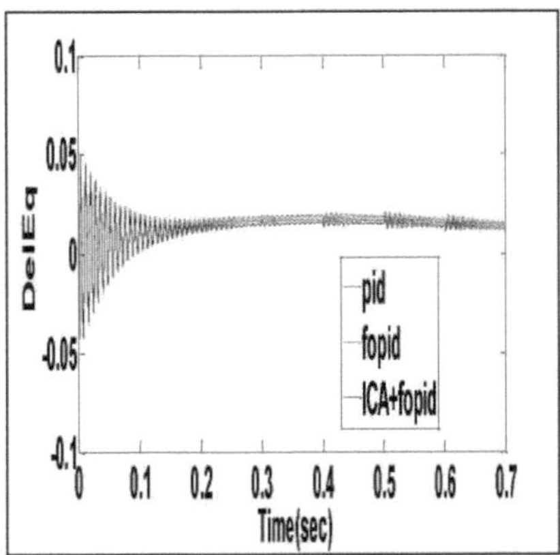

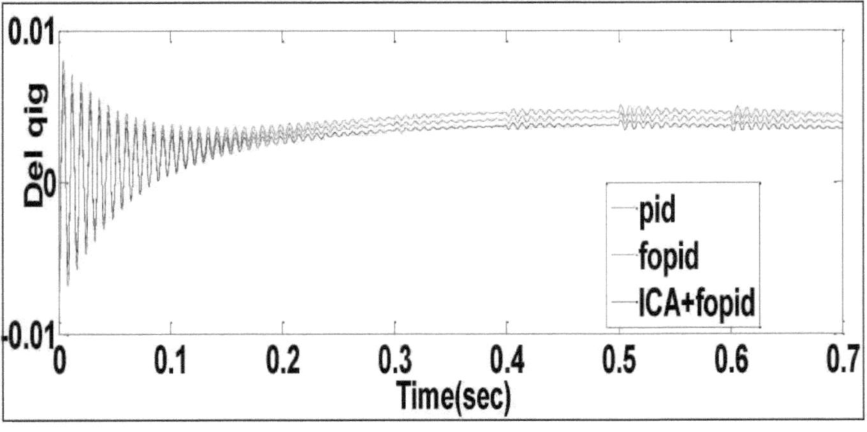

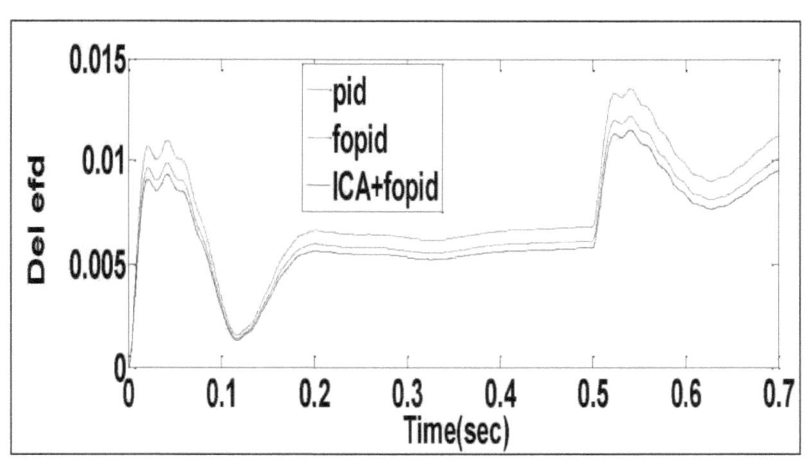

0.015
0.01
0.005
0
Del efd
pid
fopid
ICA+fopid
0
0.1
0.2
0.3
0.4
0.5
0.6
0.7
Time(sec)

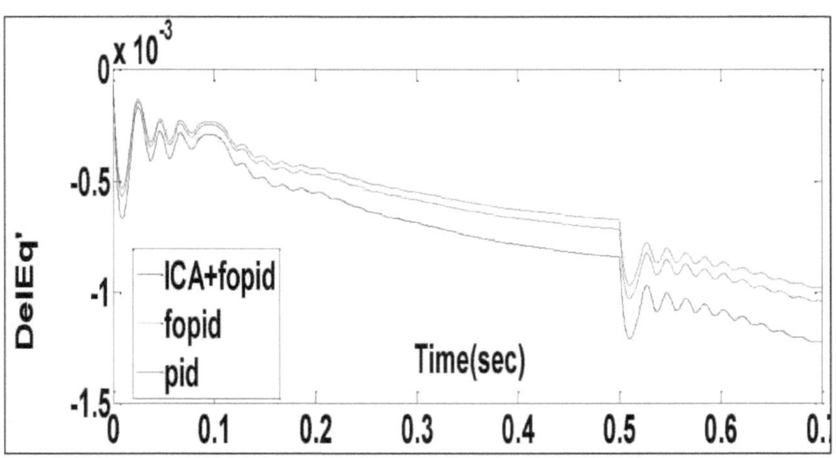

x 10^{-3}
0
-0.5
-1
-1.5
DelEq'
ICA+fopid
fopid
pid
Time(sec)
0
0.1
0.2
0.3
0.4
0.5
0.6
0.7

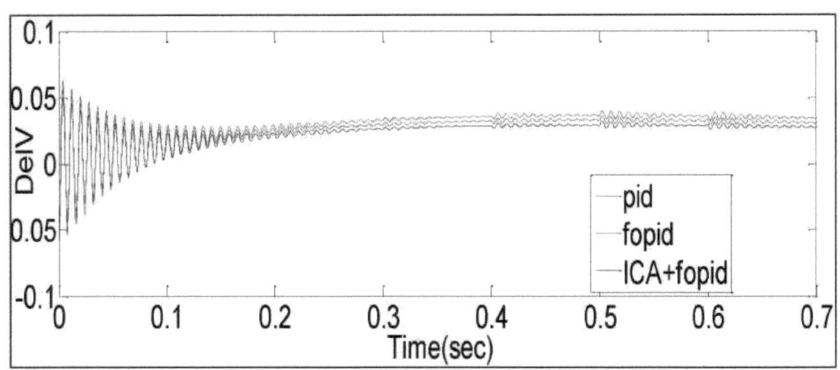

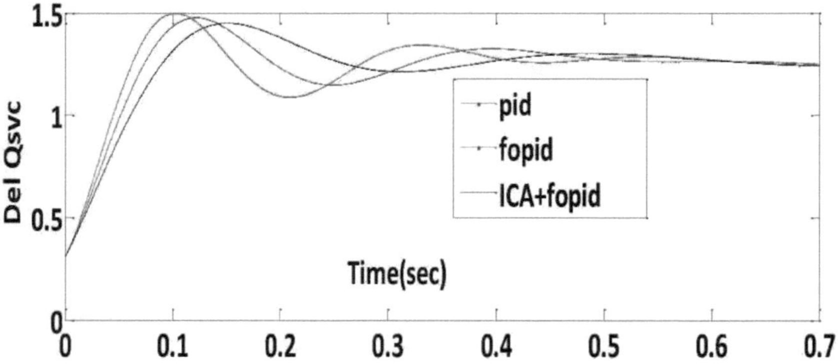

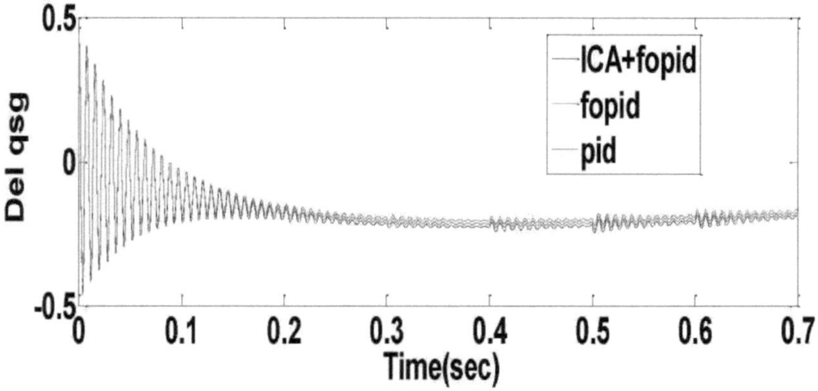

Fig. 10 (a-f) - Respostas transitórias do sistema eólico diesel com aumento de carga de 5% em degrau com escorregamento constante

A avaliação comparativa da resposta transitória também foi efectuada para três controladores diferentes: micro-rede sem controlador, com controlador FOPID e controlador FOPID optimizado baseado no ICA, como se mostra na Fig. 10 (a-f) e na Fig. 11 (a-f). A partir da simulação, observa-se que o desvio da tensão terminal do barramento diminui com o controlador FOPID baseado no ICA em comparação com os outros dois sistemas e o tempo de estabilização da oscilação também melhora. Agora, o desvio de pico e o tempo de estabilização do ângulo de disparo e da variação da potência reactiva seguem a mesma tendência. Durante a análise, é de notar que a necessidade de potência reactiva foi satisfeita em primeiro lugar pelo gerador síncrono e, posteriormente, pelo dispositivo FACTS. As respostas do SVC baseado no controlador FOPID na compensação de potência reactiva foram encontradas em todos os sistemas híbridos com modelos de escorregamento constante e escorregamento variável. O tempo de estabilização e os picos de ultrapassagem no caso do controlador SVC baseado no FOPID com o algoritmo ICA foram inferiores aos dos outros dois sistemas. As respostas de todos os parâmetros do sistema estão claramente representadas nos gráficos, o tempo de estabilização e os picos de ultrapassagem são medidos e comparados, provando assim claramente a superioridade do controlador FOPID SVC baseado no algoritmo ICA em relação aos outros dispositivos.

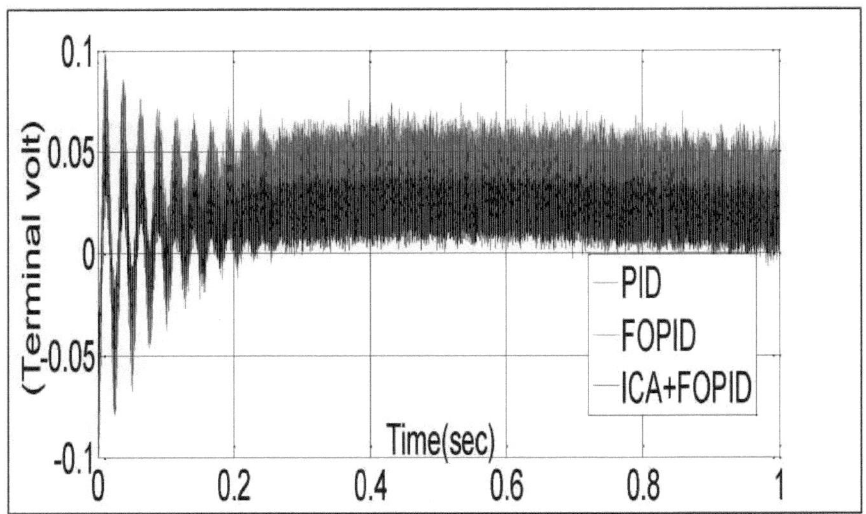

Fig. 11 (a)

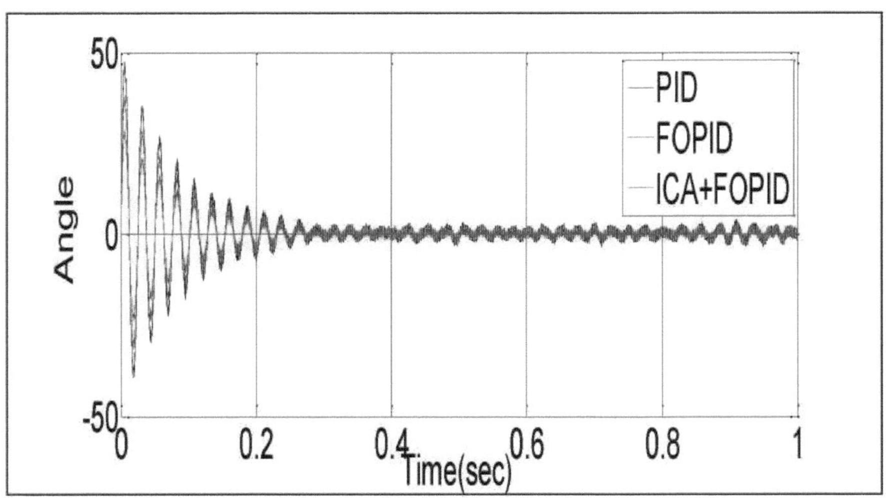

Fig. 11 (b)

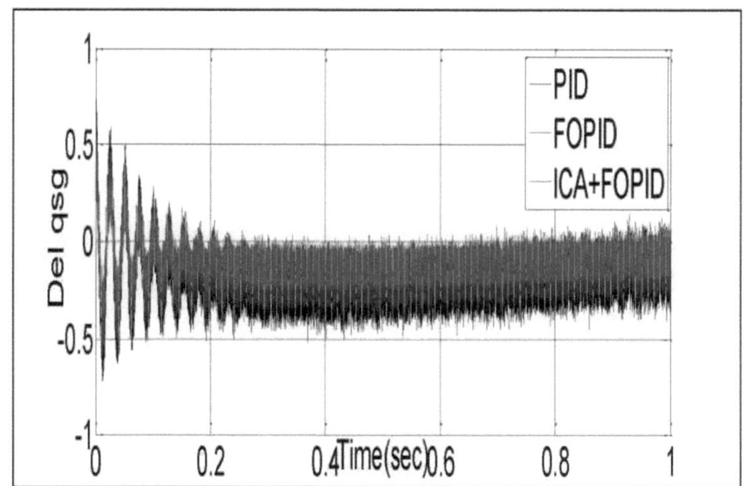

Fig. 11 (c)

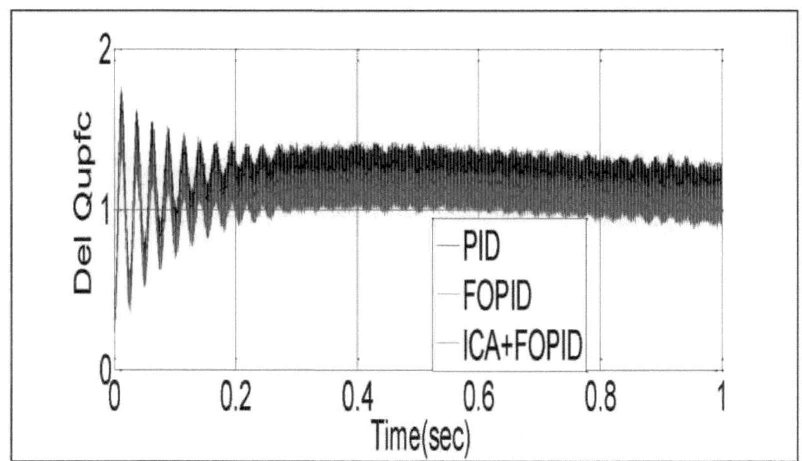

Fig. 11 (d)

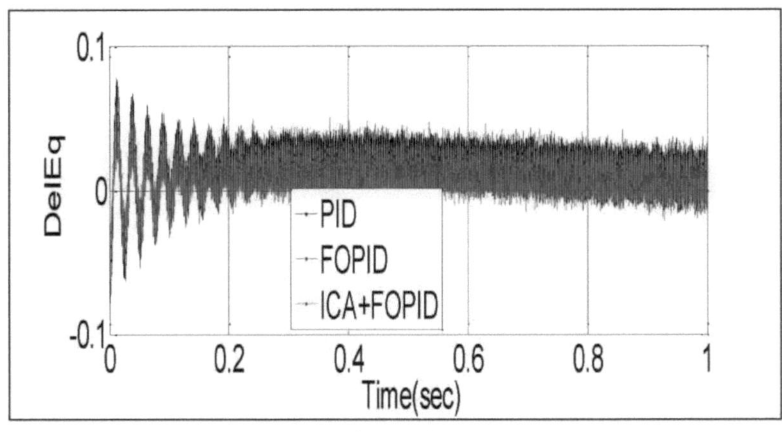

Fig. 11 (e)

Fig. 11 (f)

11-(a-f) Resultados de diferentes controladores com carga aleatória (sinais aleatórios com distribuição normalmente gaussiana)

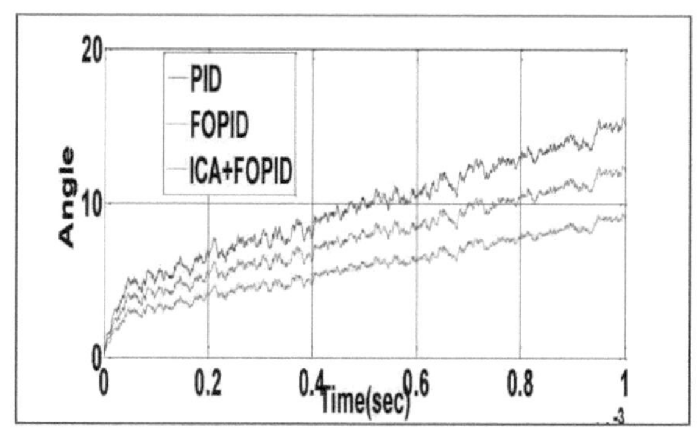
PID
FOPID
ICA+FOPID
Angle
Time(sec)
20
10
0
0
0.2
0.4
0.6
0.8
1

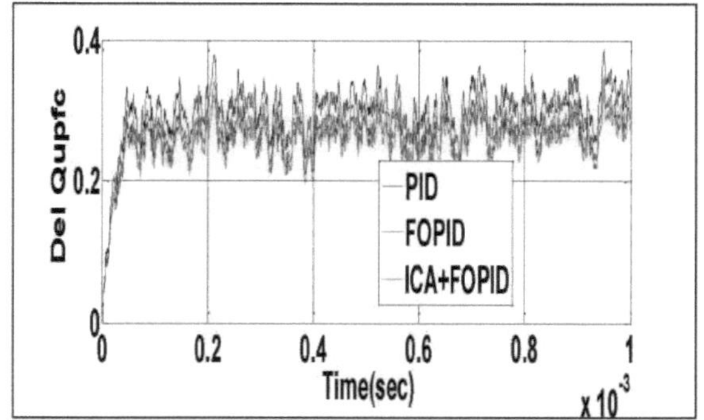
PID
FOPID
ICA+FOPID
Del Qupfc
Time(sec)
0.4
0.2
0
0
0.2
0.4
0.6
0.8
1
x 10⁻³

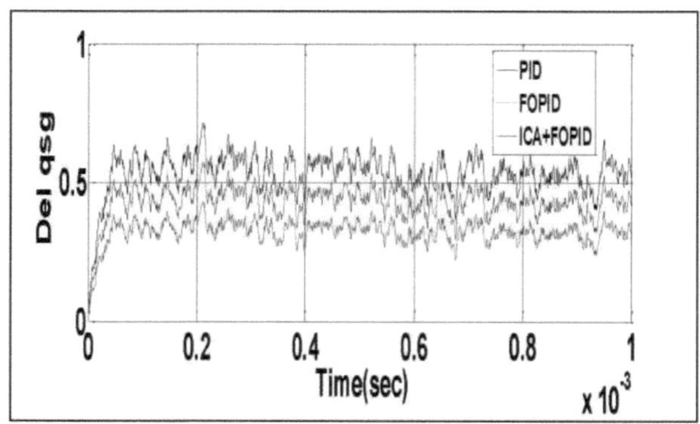
PID
FOPID
ICA+FOPID
Del qsg
Time(sec)
1
0.5
0
0
0.2
0.4
0.6
0.8
1
x 10⁻³

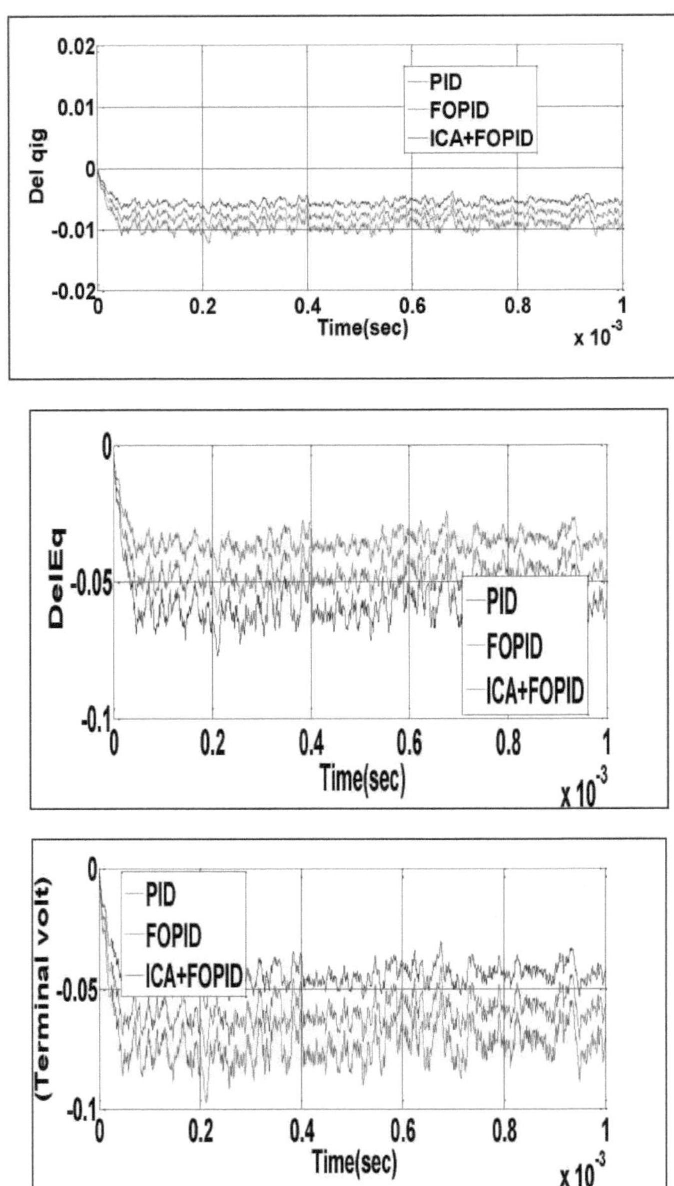

Fig 12(a-f)- Resultados ampliados de diferentes controladores com cargas aleatórias.

Algoritmo/FOPID com	KP	KI	KD	X	p	PM	E_{SS}	t_r	t_s	J
pior	9.3053	3.4731	1.958	1.5742	1.4358	0.3439	0.0041	0.0343	0.1851	9.3053
GAmédia	8.6411	2.3430	1.2935	1.4047	1.3761	0.2974	0.0072	0.0390	0.2724	8.6411
Melhor	5.1442	0.8275	1.958	1.2651	1.3349	0.1173	0.0097	0.1170	0.3608	6.1125
Pior	1.9699	0.4947	0.2362	1.5532	1.435	0.0111	0.0114	0.1779	0.2252	5.144
CNC Média	1.9605	0.4922	0.2355	1.5508	1.4331	0.0109	0.0113	0.1816	0.2252	5.143
Melhor	1.9566	0.4893	0.2345	1.5484	1.4317	0.0104	0.0106	0.1961	0.1991	5.142
Pior	2.2835	0.6853	1.5532	1.6297	1.447	0.0152	0.0045	0.1779	0.5645	5.8075
Média ABC	2.0204	0.5295	0.2497	1.5170	1.4202	0.0138	0.0092	0.1563	0.2262	5.3023
Melhor	1.8749	0.452	0.2303	1.3653	1.3828	0.0129	0.0188	0.1651	0.2135	5.1453
Pior	15	3.6986	0.3214	1.632	1.3424	0.4670	0.0057	0.0316	0.2727	10.144
PSO Média	2.5085	1.069	0.4084	1.4848	1.4256	0.0330	0.0164	0.1096	0.2712	5.6218
Melhor	1.9102	0.4851	0.2298	1.5373	1.4244	0.0107	0.0116	0.1832	0.2303	5.1442
Pior	2.277	0.051	0.22	1.321	1.301	0.012	0.005	0.0316	0.221	5.16
Média ICA	1.91	0.046	0.201	1.2665	1.2915	0.0105	0.0065	0.0668	0.2015	5.13
Melhor	1.67	0.041	0.182	1.212	1.282	0.009	0.008	0.102	0.182	5.10

Tabela 2 - Ajuste do ganho ótimo do sistema de potência híbrido para diferentes controladores

Micro-rede autónoma	CONSTANTE		DESLIZAMENTO VARIÁVEL	
	SLIP			
	Kp	Ki	Kp	Ki
Micro-rede com base em ICA Controlador SVC FOPID	32	5850	31	5878
Micro rede com SVC Controlador	44	7710	43	7890
Micro-rede sem controlador	55	12500	51	12320

Tabela 3- Tempo de estabilização de diferentes parâmetros da micro-rede autónoma.

	SG	IG	Tempo de liquidação				Eq	Eq'
			SVC	V	Alfa	Efd		
PID	0.35	0.41	0.45	0.31	0.423	0.21	0.42	0.6

FOPID	0.33	0.40	0.43	0.3	0.398	0.2	0.41	0.58
ICA+FOPID	0.31	0.39	0.40	0.28	0.391	0.19	0.39	0.55

Tabela 4- Desvio máximo de diferentes sistemas Parâmetro

Parâmetros do sistema -	Desvio máximo		
	PID	FOPID	ICA+FOPID
DelV	0.07	0.067	0.062
Del SVC	1.68	1.62	1.58
Del Alpha	26	15	8
Del DFIG	0.008	0.0075	0.007
Del QSG	0.5	0.49	0.485
Del Eq	0.06	0.058	0.056

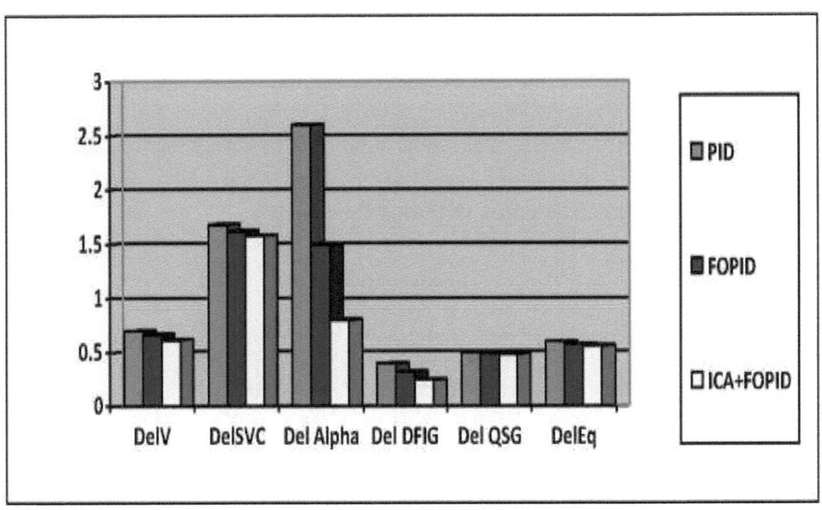

Fig 13-Comparação dos parâmetros do sistema na micro-rede autónoma

II.Análise de estabilidade

A análise de estabilidade do sistema de potência isolado é efectuada com o

gráfico de Bode , Nyquist e outros critérios, tal como mencionado na Fig.(14-17). Os

gráficos de frequência da magnitude e da fase da função de transferência de

frequência em malha abertacom a magnitude representada em dB (decibéis) e o

ângulo de fase em graus foram determinados através do gráfico de Bode. De acordo

com o critério de estabilidade de Nyquist, o sistema atinge a estabilidade de tensão se

o valor do ganho de realimentação k for tal que o ponto - 1/K não se situe na metade

direita do plano de estabilidade (G (s), que é a função de transferência do sistema

híbrido proposto). O intervalo de ganho k é determinado e e a estabilidade do sistema

híbrido vento-gasóleo pode ser analisada corretamente.

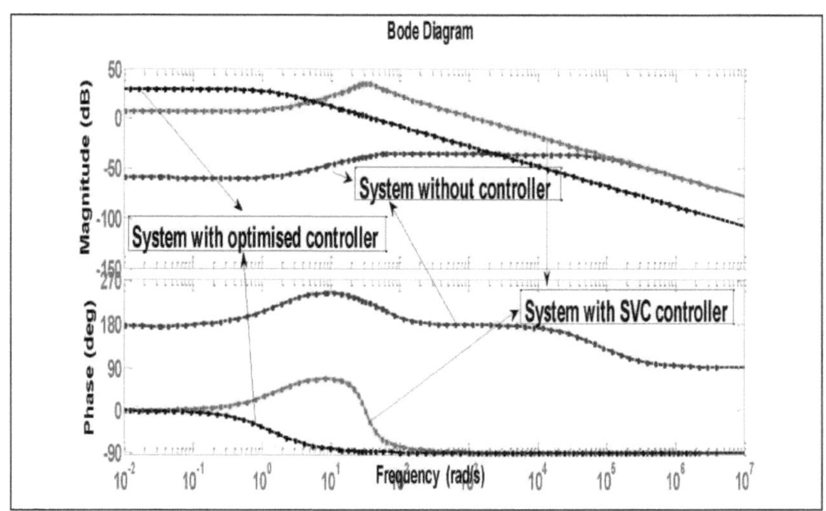

Fig 14- Análise de estabilidade com diagrama de Bode

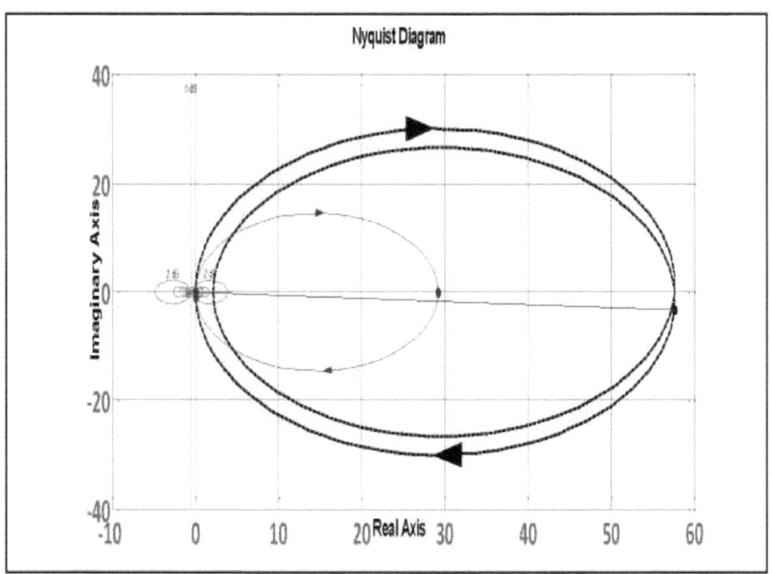

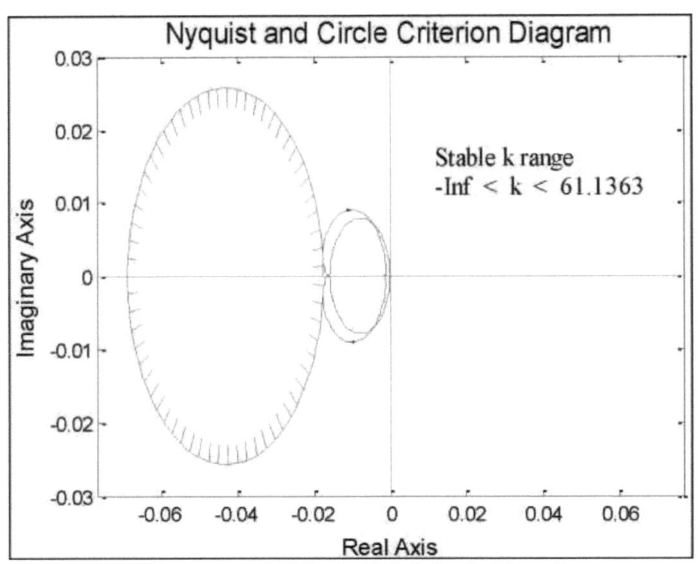

Fig 15- Análise de estabilidade Critério de Nyquist

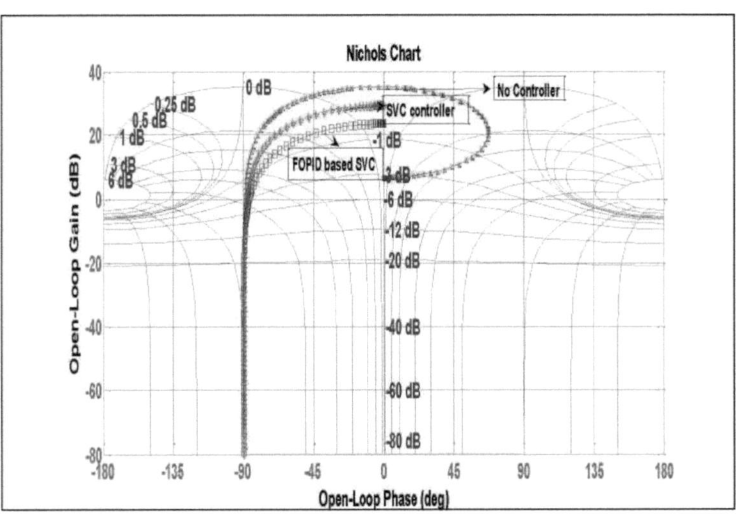

Fig 16- Análise de estabilidade com diagrama de Nichols

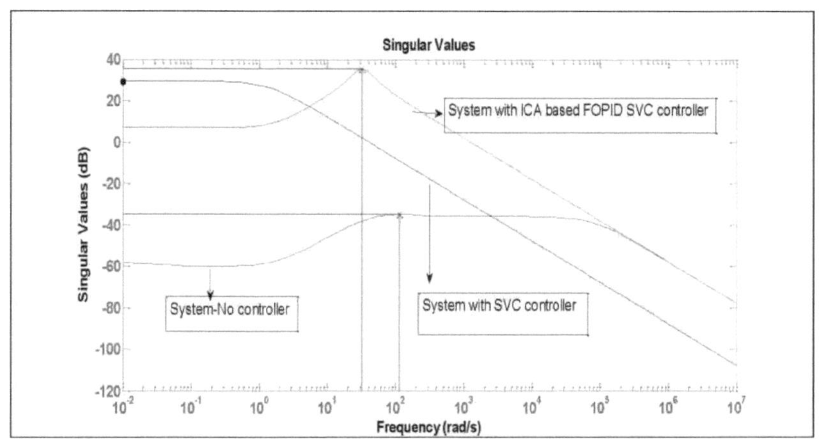

Fig 17-Valores singulares do sistema com diferentes configurações

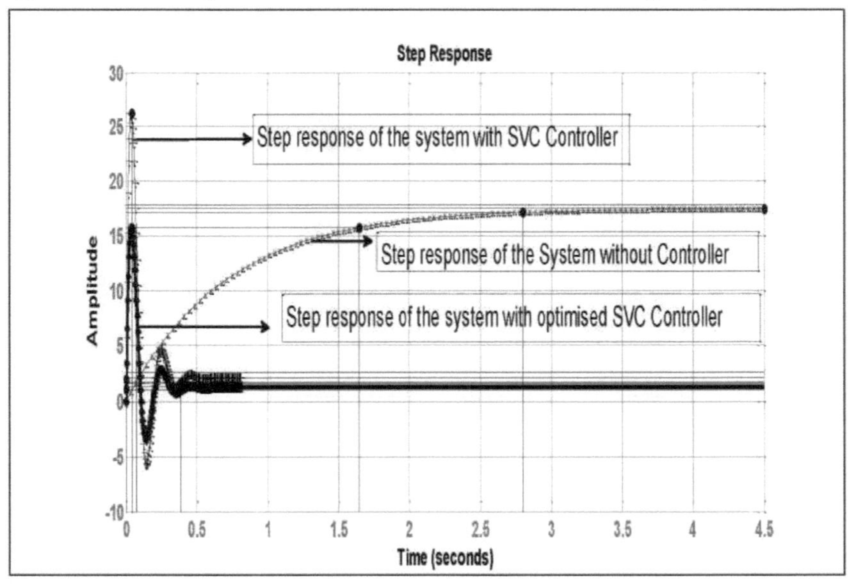

Fig 18-Resposta ao degrau da micro-rede isolada com 3 configurações diferentes.

Para além da análise dos gráficos de Bode, Nyquist e Nichols, é também apresentada a análise de estabilidade fig. [14-18] do referido sistema utilizando o valor próprio e o fator de participação. Os parâmetros do referido sistema híbrido devem ser ajustados corretamente para se obter uma melhor estabilidade relativa e amortecimento dos modos de oscilação electromecânicos. A análise dos valores próprios é efectuada para satisfazer os requisitos. Os valores próprios (Tabela 5) são calculados a partir da equação caraterística $\det(\lambda[I]-[A])=0$, λ é um dos valores próprios. [A] é a matriz do sistema e [I] é

a matriz de identidade com a mesma dimensão de [A]. A matriz de

participação (Quadro 6) P permite descobrir a relação entre as variáveis de estado

seleccionadas e os valores próprios. Toma os vectores Eigen direito e esquerdo e

obtém uma associação entre as variáveis de estado e os valores Eigen.

$$p_i = \begin{bmatrix} p_{1i} \\ p_{2i} \\ \vdots \\ p_{ki} \end{bmatrix} = \begin{bmatrix} f_{1ij}\,i_{1} \\ f_{2ij}\,i_{2} \\ \vdots \\ f_{kij}\,i_{k} \end{bmatrix} \tag{25}$$

Onde f_{ki} representa o elemento da k-ésima linha e da i-ésima coluna da matriz [f] e esta é a entrada k_{th} do vetor de Eigen direito f_i. Os valores de Eigen apresentados na Tabela 5. Indicam a estabilidade da micro-rede autónoma com sistemas eólicos e diesel em diferentes condições de carga. A inclusão do SVC desloca claramente a localização do valor próprio para o lado esquerdo do plano s, indicando um aumento do amortecimento e da estabilidade.

Tabela 5 - Valores próprios, amortecimento e frequências da micro-rede

autónoma com diferentes configurações.

Micro-rede autónoma (Não controlador)			Micro-rede autónoma com SVC controlador			Controlador SVC baseado em FOPID com deslizamento variável		
			Com deslizamento constante					
Valor próprio	Amorteci mento	Frequência	Valor próprio	Amorteci mento	Frequência	Valor próprio	Amortecim ento	Frequência
-3.83e-02	1.00e+00	3.83e-02	-3.83e-02	1.00e+00	3.83e-02	-4.55e-02	1.00e+00	4.55e-02
-4.84e+00	1.00e+00	4.84e+00	-4.84e+00	1.00e+00	4.84e+00	-8.59e-01	1.00e+00	8.59e-01
-1.18e+1 + 3.06e+1i	3.59e-01	3.28e+01	1.09e+1+ 3.06e+i	3.36e-01	3.25e+01	-1.40e+00	1.00e+00	1.40e+00
-1.18e+01 - 3.06e+1i	3.59e-01	3.28e+01	-1.09e+01 - 3.06e+1i	3.36e-01	3.25e+01	-5.01e+00	1.00e+00	5.01e+00
-4.44e+01	1.00e+00	4.44e+01	-1.18e+1 +3.06e+1i	3.59e-01	3.28e+01	-2.01e+01	1.00e+00	2.01e+01
-1.45e+02	1.00e+00	1.45e+02	-1.18e+01 - 3.06e+1i	3.59e-01	3.28e+01	-2.06e+01	1.00e+00	2.06e+01

-6.14e+02	1.00e+00	6.14e+02	-4.44e+01	1.00e+00	4.44e+01	-1.16e+01 + 3.08e+1i	3.52e-01	3.29e+01
-7.96e+04	1.00e+00	7.96e+04	-1.45e+02	1.00e+00	1.45e+02	-1.16e+01 -	3.52e-01	3.29e+01
						3.08e+01i		
			-6.14e+02	1.00e+00	6.14e+02	-1.67e+02	1.00e+00	1.67e+02
			-7.96e+04	1.00e+00	7.96e+04	-5.59e+02	1.00e+00	5.59e+02
						-6.16e+02	9.82e-01	6.27e+02
						+ 1.18e+2i		
						-6.16e+02 -	9.82e-01	6.27e+02
						1.18e+02i		
						-3.91e+04	1.00e+00	3.91e+04

A matriz de participação correspondente pode ser formada pelos valores de Eigen que indicam a relação entre as variáveis de estado e os valores de Eigen.

Tabela 6 - Matriz de participação da micro-rede isolada sem controlador.

0.0100	- 0.105732	- 0.3402	- 0.99820	- 0.998207	0.53723851	- 0.005065	0.352623951 ΔI_{dr}^{ref}
2.811e- 12	- 5.015e- 07	- 2.9e- 05	0.0013674	0.0013674	0.00052140	- 0.000868	0.259084091 ΔI_{dr}
0.9815019	0.0005123	0.00156	0.00113731	0.00113731	- 0.0028793	- 0.0561506	0.053162891 ΔV
8.89e- 08	0.9852501	0.70162	- 7.08e- 05	- 7.082e- 05 - 0.0079i	- 0.3988551	0.38612676	- 0.31040402 ΔE_{fd}
1.171e- 05	- 0.02300	0.53167	- 0.000471	- 0.000472- 0.00774i	- 0.3693271	0.383014330	- 0.31038429 ΔV_a
0.0103175	0.1066654	0.32581	- 0.003651	- 0.003653- 0.0161i	- 0.6436352	0.83726283	- 0.69517212 ΔV_f
0.99988	- 0.07871	- 0.0561	- 0.000553 - 0.00035i	- 0.0005537 + 0.00034i	0.03295079	- 0.0029071	- 0.00160701 $\Delta E_q'$

III.Análise quantitativa:

. A Fig. 10 (a-f) mostra o funcionamento da micro-rede com um aumento de 5% na carga reactiva e um aumento de 5% na potência eólica de entrada. A figura indica claramente que o aumento da potência eólica de entrada aumenta a necessidade de potência reactiva do gerador de indução. Os valores óptimos dos parâmetros do controlador FOPID são determinados pelo algoritmo competitivo Imperialista com um aumento gradual de 5% na carga de potência reactiva e diferentes capacidades de entrada de energia eólica. Os valores óptimos, os tempos de estabilização e outros parâmetros para a micro-rede autónoma proposta estão claramente representados nas tabelas 3 e 4. Verifica-se também que o valor de pico do desvio da tensão e o tempo de estabilização aumentam com a diminuição do tamanho da turbina eólica baseada no DFIG. As respostas obtidas do sistema utilizando o controlador FOPID baseado no ICA têm menos ultrapassagem, menos tempo de estabilização e melhor resposta com 5% de potência reactiva de carga e 5% de potência eólica de entrada do que no caso do controlador PID clássico. O 47

O sistema atinge uma estabilidade robusta contra várias incertezas e os parâmetros do sistema apresentam os resultados desejados.

V. Conclusão

A compensação da potência reactiva e a estabilidade de um sistema de micro-rede isolado foram investigadas através da incorporação de um controlador SVC baseado em PID e FOPID. Verificam-se melhorias e optimizações adicionais nos parâmetros do sistema com o controlador FOPID baseado no algoritmo competitivo Imperialista. O controlador proposto é considerado eficaz e mostra robustez na melhoria da estabilidade da tensão sob diferentes entradas de energia eólica e um aumento gradual de 5% na procura de carga reactiva. Foi efectuada uma avaliação comparativa de diferentes parâmetros da micro-rede com base no controlador proposto e no controlador convencional. Observa-se que o tempo de estabilização e o perfil de tensão da micro-rede estão a melhorar com o aumento da capacidade da turbina eólica.

Apêndice

A1. Parâmetros da micro-rede autónoma

Parâmetro do sistema	Sistema eólico diesel
Capacidade eólica	2MVA
Capacidade do gasóleo	2 MVA
Potência de base	2 MVA

A2. Parâmetro do gerador síncrono

Gerador síncrono			2 MVA
X'd	0,29 pu	Xd	1,56 pu
Te	0.55	δ(grau)	27.8
Kf	0.5	Ta	0.05
Ka	40	T'do	4,49 seg

A3. Parâmetros do gerador de indução com alimentação dupla

Indução		PINO MVA	1.67
Gerador (DFIG)			
Lss3	.07 pu	Lm	2.9 pu
QDFIG	0,125 pu	Idr	0,4 pu

A4. Parâmetros de carga

Carga		QL(PU)	0,2 pu
Hr	0,62 seg	TS	0,08 seg
Pf SG	0.95	Vref	1 pu

REFERÊNCIAS

Zeineldin H H,El-Saadanv E.F,Salama MMA.Operação de micro-redes de geração distribuída: Controlo e proteção. Conferência sobre sistemas de energia: Medição avançada, proteção, controlo, comunicação e recursos distribuídos; 2006.

Katiraei.F, Iravani.R ,Dimeas.A. Gestão de micro-redes.IEEE Power and Energy Management. 2008;6(3):54-65.

Tsikalakis.G.Centralized Control for Optimizing Micro grids Operation.IEEE Transaction Energy Convers.2008;23(1):241-248.

Piagi.P e Lasseter R.H.Controlo autónomo de micro-redes. Em Proc.IEEE Power Eng Meeting.2006.

Kundur P. Power system stability and control. The EPRI power system engineering series. New York: McGraw-Hill Inc; 1994.

Sutanto,D e Lachs W.R.Diferentes tipos de instabilidade de tensão.IEEE Transaction on Power Systems.1994;9(2):1126-1134

Wu.F.Small signal stability analysis and optimal control of a wind turbine with doubly fed Induction generator .IET Gen.Transm.Distrib.2007;1(5):751-760.

Yang. L, Yang .G. Conceção do controlo ótimo de um sistema de turbina eólica dfig
IET Gen.Trans.Distrib.2010;4(5):579-597.

Mohanty Asit, Viswavandya Meera, Ray Prakash, Patra Sandeepan. Análise de Estabilidade e Compensação de Potência Reactiva numa Micro rede com um WECS baseado em DFIG. Revista Internacional de Sistemas Eléctricos e de Energia2014; Elsevier Science

Hingorani.NG,Gyugyi L.Understanding FACTS:concepts and technology of flexible AC transmission system.IEEE Power eng soc;2000.

Gaing ZL. Uma abordagem de otimização por enxame de partículas para a conceção óptima do controlador PID no sistema AVR. IEEE Trans Energy Convers 2004;19(2):384-91.

Zamani M, Karimi-Ghartemani M, Sadati N, Parniani M. Conceção de um controlador PID de ordem fraccionada para um regulador utilizando a otimização por enxame de partículas. Control Eng Pract 2009;17(12):1380-7...

Herreros A, Baeyens E, Peran JR. Conceção de controladores do tipo PID utilizando algoritmos genéticos multiobjectivo. ISA Trans 2002;41(4):457-72.

Ghoshal S. Optimizações de ganhos PID por optimizações de enxame de partículas no controlo automático da produção com base em fuzzy. Electr Power Syst Res 2004;72(3): 203-12.

Das S, Saha S, Das S, Gupta A. Sobre a seleção da metodologia de afinação dos controladores FOPID para o controlo de processos de ordem superior. ISA Trans 2011;50(3): 376-88

Monje CA,Calderon AJ,Vinagre BM,Chen Y,Feliu V.On fractional PI k controllers: some tuning rules for robustness to plant uncertainties.Nonlinear Dyn 2004;38(1):369-81.

Khodabakhshian A, Hooshmand R. A new PID controller design for automatic generation control of hydro power systems. Sistema de energia eléctrica 2010;32(5):375-82

Khorani V, Disfani VR. Um modelo matemático para o tráfego urbano e a otimização do tráfego utilizando uma técnica ICA desenvolvida. IEEE Transaction In Transport System 2011; 12(4):1024-36.

Hadji MM, Vahidi B. Uma solução para o problema de compromisso da unidade usando o algoritmo de competição imperialista. IEEE Trans Power System 2012; 27(1):117-24.

Shabani H, Vahidi B, Ebrahimpour M. Um controlador PID robusto baseado no algoritmo competitivo imperialista para o controlo da carga-frequência dos sistemas de energia. ISA Transaction 2013; 52:88-95.

Printed by Books on Demand GmbH, Norderstedt / Germany